JN194852

「コケ旅」へ行こう！

Let's go on a moss trip!

産業編集センター

はじめに

いま、旅行を計画しているみなさん。
観光名所を回って、おいしいものを食べて、お気に入りのお店でおみやげを買って……などなど、プランを考えるだけでワクワクしているのでは？

そんな今度の旅行のメニューに、「コケウォッチング」を加えてみてはいかがでしょうか？

「コケウォッチング」とは、その名のとおりコケを見ること。いま、自然の中を歩きながらコケを見るコケウォッチングが、静かな人気を呼んでいます。

コケを見ることがほんとに楽しいの？　そう思う方もいるかもしれませんが、「コケをじっと見ているといやされる」「時間を忘れる」「かわいい」なんていう声がどんどん増えているのです。

でも、コケのことなんて何も知らないし、基本的な知識もないし、観察する道具もない。なにより、どこに行けばコケウォッチングできるのか、わからない……という方も多いかもしれません。

あまり難しく考える必要はありません。観察ではなく、ただ見るだけでいいのです。

自然に囲まれた静かな空間に佇んで、じっくりとコケの小さな世界に入り込む——それだけで日頃のストレスが消え、気持ちがリフレッシュしていくのがわかるはずです。周囲の美しい自然の風景が、さらにそのリフレッシュ効果を高めてくれる——これがコケウォッチングの魅力なのかもしれませんね。

この本では、コケウォッチングをする旅を「コケ旅」と呼ぶことにします。

そして、あまり専門的な知識や道具がなくても、コケウォッチングを楽しむことができ、コケの魅力に触れられる「コケ旅」のスポットを紹介していきます。
この本をきっかけに、コケの素晴らしい世界を多くの人に知ってもらえればと思っています。
春夏秋冬、コケはさまざまな表情を見せてくれます。同じ場所でも季節が違えば、まったく違う表情を見せてくれます。それがまたコケウォッチングの魅力といえるかもしれません。
今度の旅のアクセントにコケウォッチング――さあ、「コケ旅」に出かけましょう。

「コケ旅」へ行こう！　目次

Ⅱ 東京から行ける！関東エリアの「コケ旅」スポット

III 関西エリアの「コケ旅」スポット 大阪から行ける！

I

ぜひ一度は行ってみたい！最強の「コケ旅」スポット

「コケ旅」に出かけるなら、ぜひ一度は行ってみたいのが、「コケの三大聖地」と呼ばれる場所。他では見ることができないコケの絶景を存分に楽しむことができます。
その三大聖地とは、青森県の奥入瀬渓流、長野県の八ヶ岳白駒の池、鹿児島県の屋久島。ここでは、奥入瀬渓流と八ヶ岳白駒の池への「コケ旅」をご案内しましょう。

奥入瀬渓流（青森県）
Oirasekeiryu

白駒の池（長野県）
Shirakomanoike

奥入瀬渓流

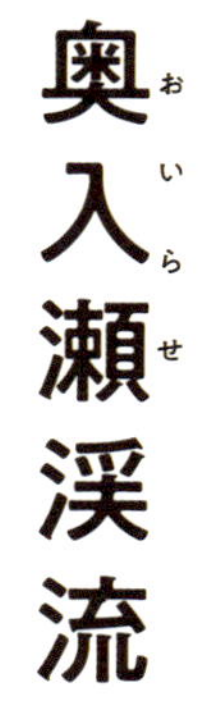

十和田湖から流れる奥入瀬川上流

青森県と秋田県の県境にある十和田湖。その十和田湖から太平洋に向かって流れているのが奥入瀬川です。全長約70キロ。そのうち、十和田湖から約14キロあたりまでの上流エリアに広がっているのが奥入瀬渓流です。

31ページの地図をご覧いただければわかるように、渓流に沿うように国道が走っているため、車の窓から渓流の景色を楽しむことができます。さらに、川のすぐ脇には遊歩道が整備されていて、マイナスイオンを浴びながら、美しい風景の中を散策できるようになっています。奥入瀬は、四季によってさまざまに表情が変化する原生的な森と渓流を楽しみに全国から多くの人が足を運ぶ人気スポットなのです。

十和田湖

奥入瀬渓流への行き方

住 青森県十和田市奥瀬
交 東京駅から新幹線で八戸駅まで約2時間50分
東北新幹線八戸駅から直通バスで約1時間30分
有料道路下田・百石ICより車で約1時間20分
青森空港から車で約1時間40分
「渓流の駅おいらせ」に無料駐車場あり

奥入瀬渓流を代表する景観で屈指の撮影スポット「阿修羅の流れ」

渓流とコケの絶妙なハーモニーを味わおう！

渓流の遊歩道に足を一歩踏み入れると、あふれんばかりの緑の輝きに圧倒されます。川の流れを包み込むように、トチノキ、カツラ、ブナなどの落葉樹林が川の両岸を覆い、豊かな森が広がります。

ふと足元に目を落とせば、木々の幹や石にまるで緑のシートをかぶせたようにコケ！　川の中にある岩にもコケ！　自分の靴の下にもコケ！　知らぬ間に、コケの世界に迷い込んでしまったような感覚に陥るでしょう。そして、このコケがあるからこそ、奥入瀬渓流はその神秘的な自然の風景をかもしだしていることに気づきます。

どうして川の中にある岩にもコケが生えているのでしょうか。それは源流である十和田湖が天然のダムのような役割を果たしてくれているため。そのおかげで、渓流の水量は四季を通じてほぼ安定。氾濫が起こりにくいので、さまざまな種類の樹木や草花をはじめ、コケもしっかりと生育して定着しているのです。

メイプルのような甘い香りがするカツラの葉

川底が浅いV字型になっているため、水が常に一定量に保たれている

Let's walk!

歩き方

4時間かけてどっぷりとコケの世界に浸る!?

奥入瀬渓流遊歩道への入口は、十和田湖川の子ノ口(ねのくち)から下流の奥入瀬渓流館となります(p.31の地図参照)。14キロをすべて歩くと所要時間は約4時間かかります。

遊歩道に入れば、すぐに目の前にはコケの世界が広がります。川のせせらぎをBGMに、じっくりとコケの風景を楽しむことができます。途中気になるコケを見つけたら、たっぷり時間をとってコケウォッチングを楽しみましょう。そのためにも、できるだけ時間に余裕をもって散策しましょう。

奥入瀬渓流館には自然環境について学べる学習コーナーやお土産コーナーも

奥入瀬川と十和田湖の境界にある子ノ口から十和田神社までは車で約15分

木の下部、中部、上部で違うコケが生えているのは、環境が少しずつ違っているため

川の中にある岩や倒木にもたっぷりのコケ。水量がほとんど変わらない奥入瀬ならではの風景

緑の濃淡だけで描かれたような神秘的な奥入瀬の森

光があまり届かない鬱蒼とした森の中でもコケは健気に育っている

エビゴケがびっしりと貼りついた巨大な岩は、まるで大きなぬいぐるみのよう

せせらぎとマイナスイオンで癒し効果はバッチリ

ルーぺだけではなく、双眼鏡でコケを見るのもオススメ

手のひらでやさしく触れた時の手触りと弾力もコケの魅力のひとつ

奥入瀬で見られるコケ

奥入瀬には約３００種類のコケがあるといわれていますが、その中でも代表的なものは10種類ほど。

エビゴケ

岩の垂直面や、オーバーハング気味になっているところを好む。獣の毛並みのように見える。

ネズミノオゴケ

よく見ると鱗のような表面はツルっとしていてネズミの尻尾のよう。

オオバチョウチンゴケ

水辺を好むコケ。花びらに見える部分が、海藻のように半透明で透き通っている。胞子体がちょうちんのような形をしていることから名がついた。

ジャゴケ

奥入瀬ではいたるところで見られる。蛇の皮を思わせる独特の形状から名前がついた。

コツボゴケ

花のような形をしているのが特徴。花の形をしているのは雄株（コケは雌雄同体、雌雄別、両方のケースがある）。

オオシッポゴケ

動物のしっぽのような形がかわいい。"オオ"シッポゴケなのに、シッポゴケより小さい。

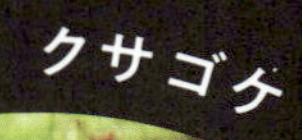

倒木を好んで生える。奥入瀬では、木橋の欄干や木製のベンチ、看板の上でもよく見られる。

コフサゴケ

茎から折れ曲がるように細く突き出した葉の様子が、「折り鶴」を想わせる。ふかふかのマットのような群落をつくる。

ホウオウゴケ

水気の多い場所によく生育している。鳳凰の尾のような形をしていることから名がついた。

シノブゴケ

形が、シダ類のシノブに似ている。テラリウムでもよく使われる。

コケ観察ツアー

奥入瀬では、ガイド付きのコケ散歩を楽しむことができます。コースは2種類。じっくりとコケと向き合いたいなら「コケさんぽディープ」がおすすめ。3時間で、奥入瀬の地形や気候、環境の学習からはじまって、主なコケの種類や特徴まで教えてもらえます。コケ散歩の入門編と言えるのが「コケさんぽライト」。1時間半で、あまり長い距離の移動はせずに、コケの楽しみ方の初歩を学ぶことができるコースです。

おいけん（NPO法人 奥入瀬自然観光資源研究会）
問☎0176-23-5866
●コケさんぽディープ　3時間 1人5,500円
●コケさんぽライト　90分 1人3,500円～（移動せず、石ヶ戸周辺のみ）

コケ玉（モスボール）をつくろう！

「コケの盆栽」とも言える苔玉。近年はインテリアとしても人気を集めています。
奥入瀬渓流館内の一角にある奥入瀬モスボール工房では、モスボール（コケ玉）の展示販売をしており、制作体験もできます。
奥入瀬の旅の思い出に、ぜひチャレンジしてみては。

「奥入瀬モスボール工房」
青森県十和田市大字奥瀬字栃久保183
問☎0176-74-1233（奥入瀬渓流館）

陸奥湊の朝市

奥入瀬観光の拠点のひとつ、八戸。海の幸が豊富な八戸を堪能するなら、湊の朝市がいちばん！八戸の台所として古くから親しまれている陸奥湊駅前の朝市には、素朴な小売店や卸店がずらりと並んでいて、地元の市民はもちろん、観光客も気軽に買い物を楽しむことができます。おすすめは「オリジナル朝めし」。朝市で新鮮な魚介やお惣菜を購入して、その場で白ご飯や味噌汁と一緒に食べられる、お得で楽しい朝ごはんです。

住 青森県八戸市湊町
交 JR陸奥湊駅よりすぐ
営 毎週月曜～土曜
3:00～10:00頃
休 日曜・年末年始
P なし
問 ☎0178-33-6151
(八戸市営魚菜小売市場)

住 青森県十和田市奥瀬字蔦野湯1
交 JR青森駅、八戸駅より車で約1時間30分(無料送迎バスもあり)
営 毎週月曜～土曜　3:00～10:00頃
休 日曜・年末年始　P あり
問 ☎0176-74-2311

蔦温泉

奥入瀬渓流館や渓流の駅おいらせより、車で約10分。山の中にひっそり佇む蔦温泉は、平安時代から続く歴史ある温泉。旅館としても100年以上続く老舗です。奥入瀬散策の疲れを癒すのにもぴったり。日帰り入浴なら大人800円、子ども500円で利用できます。

MAP
103
蔦温泉
102
十和田・八戸へ→
焼山
奥入瀬渓流館
102
阿修羅の流れ
雲井の滝
白銀の流れ
奥入瀬渓流
十和田市
銚子大滝
子ノ口港
（十和田湖遊覧船）
十和田湖
103
454

コケを知る。❶

そもそも「コケ」ってナニモノ？

苔＝こけ＝コケは、学術的にいうと「コケ植物」として分類される植物のことで、「コケ類」や「蘚苔（せんたい）類」とも呼ばれます。国内だけでも1800種類、世界中にはおよそ1万8000種類ものコケが確認されています。

江戸時代の中頃までは、コケは漢字で「木毛」と書かれていて、木の幹や岩に生える緑色の植物の多くを指してそう呼んでいました。木に生える毛のようなもの、といったイメージでしょうか。その後、近代になって科学的に分類されるようになると、それらは「コケ植物」とそれ以外に分けられたため、名前に「●●コケ」「●●ゴケ」と入っていても実は「コケ植物」ではない、というものがけっこうあります。

コケには根がなく、水分を体中に行き渡らせるための維管束もありません。光合成をする原始的な植物といえます。シダ植物やキノコと同じように、胞子で仲間を増やします。湿気のある水辺を好むようなイメージもありますが、実は乾燥に強く、高温多湿に弱いという特徴があります。

もうひとつのコケの聖地

屋久島の森

十和田湖から流れる奥入瀬渓流、八ヶ岳の白駒の池と並んで、日本三大「コケの森」と呼ばれているのが、屋久島のコケの森です。

屋久島は九州の南端、鹿児島県の大隅半島からさらに60キロほど南の海に浮かぶ島です。樹齢が千年を超える杉「ヤクスギ」、二千年を超える「縄文杉」が有名で、貴重な自然環境を保っている森はユネスコの世界自然遺産に登録されているほどです。

屋久島の森には、約６００種類ものコケが生息していると言われています。雨が多く、島の９割を森林が占める特殊な環境がコケを育てて、コケがまた樹木を育てる。屋久島の深い森とコケは、切っても切れない関係なのです。

住鹿児島県熊毛郡屋久島町　交鹿児島港から屋久島の宮之浦港まで高速船で約2時間/鹿児島港から屋久島の宮之浦港までフェリーで約4時間/鹿児島空港、福岡空港、伊丹空港から屋久島空港まで直行便あり

白駒（しらこま）の池

どこにある？

神秘的な原生林の森が広がる北八ヶ岳

上田
群馬県
松本
佐久
長野県
茅野
白駒の池
埼玉県
東京都
山梨県
神奈川県

長野県と山梨県にまたがって山々が連なる八ヶ岳。標高3000メートル級の高い山が続く南八ヶ岳と原生林や多くの池がある北八ヶ岳に分かれます。その北八ヶ岳の広大な原生林の中にあるのが白駒の池です。標高2100メートル以上の湖としては日本最大の天然湖です。

これだけ高いところ、しかも原生林の中、と聞くと山奥で人がなかなかたどり着けない場所にあるのではないかと思ってしまいます。ご安心ください。そばを通る国道の駐車場からわずか15分！とても便利？なところにあるのです。これなら体力に自信のない方でも大丈夫ですね。

池の周囲には樹齢100年以上の、コメツガ、トウヒ、シラビソの原生林が広がり、

「もののけの森」「ヤマネの森」「白駒の森」「高見の森」などと名付けられた森があります。高地ならではのおいしい空気を吸いながら、それぞれに違う顔をもつ神秘的な森の散策を楽しめるエリアです。

白駒の池への行き方

住 長野県南佐久郡佐久穂町・小海町
交 北陸新幹線佐久平から千曲バス八千穂駅経由で約1時間50分 白駒池入り口下車
JR茅野駅から諏訪バスで約1時間40分 麦草峠下車
上信越道佐久IC・中央道諏訪ICから車で約60分
白駒の池駐車場より原生林入り口まで徒歩すぐ

のんびり、ボートで池を一周してはいかが？

「もののけの森」でコケに包まれよう！

白駒の池へと続く道に入った途端、鬱蒼と茂る原生林の林床(りんしょう)に広がるコケに目を奪われます。まるで深い緑色の絵の具で塗りつぶしたような幻想的な緑の世界が広がります。カギカモジゴケなどが生えている「白駒の森」を通り抜け、青々とした湖面の白駒の池を見ながら、東側にある「もののけの森」に入れば、これまで見たこともないような美しいコケの森に驚くでしょう。

白駒峰の噴火で堰きとめられた大石川の源流のところにあるこの「もののけの森」は、起伏ある林床に大きな岩が点在。それらを覆うように広がるコケの絨毯は、他で

は見られない幻想的かつ神秘的な風景をつくりだしています。
この白駒の池周辺エリアには約519種類のコケがあり、なかには高地でしか見ることのできないコケも数多く生息しています。それらの種類を判別するのは難しいのですが、ただただ森の中を歩くだけで、森林浴ならぬ〝コケ林浴〟を満喫できるのがこのエリアの良さ。コケにすっぽりと包まれる、そんな感覚を味わってみてください。

白駒の池周辺はコメツガの原生林

森のゲートから白駒の池へと続く坂道。歩きやすいよう地面には板が敷かれている

もののけの森は本当に妖精でも出てきそうな雰囲気

Let's walk!

歩き方

国道からわずか徒歩15分！

通称「メルヘン街道」と呼ばれている国道299号沿いにある有料駐車場。その脇にある湖への入口ゲートをくぐると、そこがもう「白駒の森」で、歩いて約15分で白駒の池に到着できます。道はゆるやかな坂道。緑の木々の間からこぼれるやわらかな日差しを浴びながら、ゆっくりと歩いていきましょう（p.51の地図参照）。

白駒の池周辺の原生林の森は10カ所もあり、それぞれの森にはそれぞれ違う種類のコケが育っています。10カ所すべての森を散策しようとすると時間がいくらあっても足りません。ここはグッと我慢して、一つか二つの森に絞ることがポイント。もちろん、旅程に余裕があるなら、すべての森を回るのもいいでしょう。

白駒の池駐車場にある案内所には売店も併設されていて便利

白駒の池へと続く森の入り口

このあたりの土には栄養が少なく、花は育ちにくい。競争相手が少ないことが、コケの育成に役立っている

もののけの森に佇んでいると、まるで異世界に紛れ込んだかのような不思議な感覚に

目を凝らしてみると、一カ所にたくさんの違った種類のコケが暮らしている

大木の側面に育つコケと若い木

散策のために「北八ヶ岳苔の会」の方を中心に少しずつ整備したという木道

スギゴケの仲間の群生は、杉の大木がそびえる森のようにも見える

コケを土壌代わりにして岩の上に木が育っている

数種類のコケと枯れ葉の競演

現代アートのような
コケのオブジェ

様々な環境が整わない
と、なかなかここまで
立派には育たない

白駒の池で見られるコケ

白駒の池に生息するコケは519種類。池周辺の10カ所の森には特徴があり、コケの種類にも違いがあります。

セイタカスギゴケ

大きいものは茎が20センチにもなる。スギゴケ、コセイタカスギゴケなどの仲間も。

チシマシッポゴケ

先端が動物のしっぽのように曲がっているのが特徴。

クロゴケ

高山帯に生える代表的なコケのひとつ。岩の上に黒い固まりで生育している。

ムツデチョウチンゴケ

大型のコケで、葉が透き通っているのが特徴。倒木の上でもよく見かける。

ヨシナガムチゴケ

先端が二又に分かれていることと、茎の裏側にムチのような枝を出すのが特徴。

凍ったコケ

早朝の白駒の池で見かけた、霜がついたコケ。美しさに見とれてしまう。

コケ観察ツアー

白駒の池のコケを満喫するには、ガイドさんと一緒にめぐる「コケ観察ツアー」がおすすめ。日本蘚苔類学会の会員さんが白駒の池のコケの特徴やコケ観察のポイントをわかりやすく、丁寧に教えてくれます。ガイドさんと白駒の池を一周するころには、かなりのコケマニアになっているかも!? 観察ツアーは予約制で、6月から10月の期間中は毎日開催されています。

また、「北八ヶ岳苔の会」が主催する「苔の観察会」も定期的に開かれているので、おでかけ前にウェブサイト等でチェックしてみて下さい。

青苔荘 問☎090-1423-2725
1人3,000円(2名より受付) 開催時間10:00〜12:00
※青苔荘は白駒の池のほとりにある"苔の森の山小屋"。宿泊、食事を提供するほか、「森の守り人」として樹木やコケの保護活動も行なっています。

北八ヶ岳苔の会 http://www.kitayatsu.net/

白駒池畔に建つ山小屋でちょっとひといき

自家製野菜のカレーライス

白駒の池の目の前にあり、登山者や池周辺散策の拠点として大正時代から親しまれて来た山小屋白駒荘。コケの観察のほか、湖上星空ツアーも人気を集めています。

白駒荘
問☎0266-78-2029

稲子湯（いなごゆ）

北八ヶ岳の大自然に囲まれた閑静な宿、稲子湯旅館。温泉の歴史は100年を超え、古くから湯治湯として親しまれてきました。登山やコケ散策の疲れを癒すのに最適です。外来入浴は大人650円、子ども300円で利用できます。

住長野県南佐久郡小海町大字稲子1343
交JR小海駅より町営バス稲子湯下車
営毎週月曜～土曜　3:00～10:00頃
休日曜・年末年始
問☎0267-93-2262

黒澤酒造
酒の資料館

江戸時代から続く造り酒屋、黒澤酒造が酒造りの歴史を知ってもらうために開設した資料館。当時の酒の仕込みに使われた器具が所狭しと展示されています。手作りの人形による酒造りの工程を解説するジオラマなどみどころがたくさん。すぐそばにある「ギャラリーくろさわ」では酒の販売や仕込み水で淹れたオリジナルブレンドコーヒーも楽しめます。

住長野県南佐久郡佐久穂町穂積1400
交JR八千穂駅から徒歩5分 佐久南ICから車で25分
営9:00～17:00
休無休　問☎0267-88-2002

POST CARD

料金受取人払郵便

小石川局承認

8662

差出有効期間
2021 年
3月20日まで
(切手不要)

112-8790
127

東京都文京区千石4-39-17

株式会社　産業編集センター
出版部　行

★この度はご購読をありがとうございました。
お預かりした個人情報は、今後の本作りの参考にさせていただきます。
お客様の個人情報は法律で定められている場合を除き、ご本人の同意を得ず第三者に提供することはありません。また、個人情報管理の業務委託はいたしません。詳細につきましては、「個人情報問合せ窓口」(TEL：03-5395-5311〈平日 10:00 ～ 17:00〉)にお問い合わせいただくか「個人情報の取り扱いについて」(http://www.shc.co.jp/company/privacy/) をご確認ください。

※上記ご確認いただき、ご承諾いただける方は下記にご記入の上、ご送付ください。

株式会社 産業編集センター　個人情報保護管理者

ふりがな
氏　名

(男・女／　　　歳)

ご住所　〒

TEL：

E-mail：

新刊情報を DM・メールなどでご案内してもよろしいですか？　□可　□不可

ご感想を広告などに使用してもよろしいですか？　□実名で可　□匿名で可　□不可

ご購入ありがとうございました。ぜひご意見をお聞かせください。

■ ご購入書籍名

（ご購入日：　　　年　　月　　日　　店名：　　　　　　　　　　　）

■ 本書をどうやってお知りになりましたか？

□ 書店で実物を見て
□ 新聞・雑誌・ウェブサイト（媒体名　　　　　　　　　　　）
□ テレビ・ラジオ（番組名　　　　　　　　　　　）
□ その他（　　　　　　　　　　　）

■ お買い求めの動機を教えてください（複数回答可）

□ タイトル　□ 著者　□ 帯　□ 装丁　□ テーマ　□ 内容　□ 広告・書評
□ その他（　　　　　　　　　　　）

■ 本書へのご意見・ご感想をお聞かせください

■ よくご覧になる新聞、雑誌、ウェブサイト、テレビ、
よくお聞きになるラジオなどを教えてください

■ ご興味をお持ちのテーマや人物などを教えてください

ご記入ありがとうございました。

MAP
佐久穂町
299
麦草ヒュッテ
白駒の池駐車場
ヤマネの森
白駒の森
青苔荘
白駒の池
白駒荘
もののけの森
高見の森
高見石小屋
小海町
茅野市

コケを知る。②

コケの体の一例

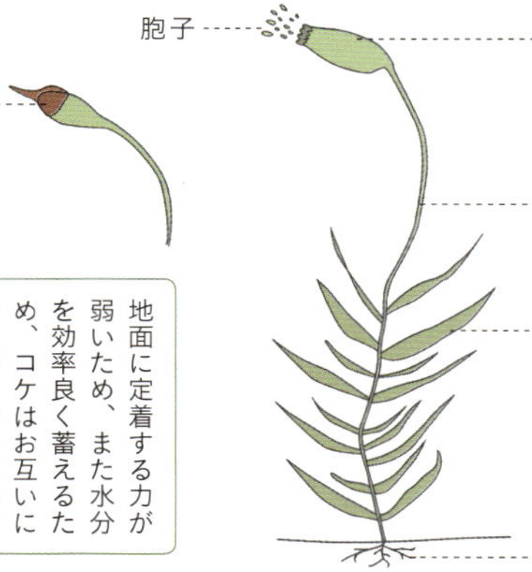

胞子
蒴
帽
茎
葉
仮根

根と維管束を持たない、原始的な植物。水分は体の表面から吸収している

根の代わりに、「仮根」と呼ばれる器官があり、地面に体を固定している

地面に定着する力が弱いため、また水分を効率良く蓄えるため、コケはお互いに体を寄り添って健気に生きている

コケは大きく三つに分けられる

コケ植物は、「セン類」「タイ類」「ツノゴケ類」の三つに大きく分けられます。

コケ

セン（蘚）類

最も種類が多い。葉と茎の区別がはっきりしている。

タイ（苔）類

葉と茎の区別がなく、平べったいもの。（一部、葉と茎の区別がつく茎葉体もある）

ツノゴケ類

数が少なく、以前はタイ類の仲間と考えられてきたが、胞子体が違うことが確認され、タイ類と区別されるようになった。

II

東京から行ける！関東エリアの「コケ旅」スポット

東京とコケはイメージとしてあまり結びつかないかもしれませんが、東京の名所なの秋川渓谷は知る人ぞ知るコケ旅の名所なのです。ここでは、関東エリアにある「コケ旅」スポットをご紹介しましょう。

秋川渓谷・養沢（東京都）
Akigawakeikoku・Youzawa

チャツボミゴケ公園（群馬県）
Chatsubomigoke Park

秋川渓谷・養沢（ようざわ）

どこにある?

驚くほど静かな東京のヒーリングスポット

東京の多摩地区西部にある、あきる野市。このあきる野市とさらに西の檜原村（ひのはらむら）を流れる多摩川最大の支流、秋川があります。この川に沿って約20キロにわたって続くのが秋川渓谷です。

東京都心から1時間程度で行けるとあって、夏はキャンプやバーベキュー、秋は紅葉狩りと四季折々に楽しめ、東京都民のオアシス的な場所になっています。

この秋川渓谷の自然をさらにギュッと濃縮したような場所が「養沢」です。秋川の支流である養沢川に沿ってひらかれた里で、春の桜や夏の蛍など、手つかずの自然の魅力に触れることができます。とくに養沢川の清らかな流れと、ささやき声さえ響いてしまいそうな静かな空間は、東京イチの

埼玉県
奥多摩町
東京都
青梅市
あきる野市
秋川渓谷
養沢
八王子市
府中市
山梨県
神奈川県

ヒーリングスポットといえるかもしれません。

貴重な野鳥や小動物も多く生息し、約90種類の鳥が確認されているとか。周囲の山々に広がる美しい樹林が、鳥の最高の棲みかになっているのでしょう。鳥たちのさえずりを聞きながら、コケウォッチングを楽しむことができます。

都心から約1時間、のどかな風景が広がる

秋川渓谷・養沢への行き方

住 東京都あきる野市養沢
交 JR武蔵五日市駅からバスで約30分、バス停木和田平または上養沢下車
圏央道あきる野ICから車で約30分

川に転がる大岩と川岸のコケに注目

養沢川を目にした人が必ず思うのが、ずいぶん大きな岩が転がっているな、ということ。そう、養沢川には多くの大岩が流れの中にあり、その岩にコケが張り付いています。この川と岩とコケが、養沢の典型的な風景なのです。

これらのコケは、川に沿って走る県道から眺めることができますが、もっと近くで見たいときは、ところどころにある車道から河原への階段を降りて、散策することができます。河原に降りると、岩だけではなく、川岸にも多くのコケを見つけることができます。養沢では約60種類のコケが確認されており、おそらく100種類近くのコケが生息しているとされています。

自分の身長と同じくらいの岩のそばにたたずみ、その岩についているコケをじっくりと眺める。神秘的なコケの世界に魅入っているうちに、いつのまにか日が傾きかけている……そんな時間を忘れる体験ができるかもしれません。

それほど、静かで、川のせせらぎが気持ちよく、コケが美しく見える場所なのです。

もっとディープなコケウォッチングにチャレンジしたい方は、養沢川上流にある大滝を目指すといいでしょう。都道201号を北上して、養沢神社の手前の分かれ道を左に曲がり、大岳鍾乳洞や大滝を目指して走るとやがて車道は行き止まりに。そこから先はほぼ手付かずのコケの森です。足元に注意しながら慎重に！

大人の背丈よりもずっと大きい岩に、コケがたっぷり

水の流れに負けじと、石の上に生育するコケ

Let's walk!

歩き方

実は冬がねらい目

　1年を通して美しい自然とコケを楽しむことができる養沢ですが、実は一番おすすめしたいのが冬のコケウォッチング。樹木の葉が落ちて、周囲がくすんだ色になる冬場になると、コケの緑がいっそう引き立つようになります。遠くからでもコケの存在に気づき、見つけやすくなります。

　また、養沢では、コケによる地域活性化もすすめていて、コケ観察会やコケのワークショップなどのイベントを開催していますが、冬場にもいろいろ開催しています。

　冬はちょっと寒いなぁ、と思ってしまう人もいるかもしれませんが、その寒さを我慢する価値があるのが冬の養沢コケウォッチングなのです。

写真は木々が色づきはじめた秋の養沢

コケ旅やバーベキューなどに便利な宿泊施設、養沢センター

養沢川上流の森の中

マイナスイオンたっぷりで癒し効果抜群

足下がすべりやすいのでご注意を

岩に生育するコケ。乾燥した部分は葉が縮こまっていて、全体的に黒っぽく見えます。

持参した霧吹きで水をかけてみると……

水分を吸収し、みるみるうちに葉が開いてふっくらしてきました。1の写真と比較して、緑色に変化したのがわかるでしょうか。晴れた日、乾燥した日にコケ観察をするのであれば、霧吹きは忘れずに！

要予約の食養生プレートは1200円

苔庵coquea

養沢の美味しい水と苔の魅力を発信するため、空き家をリフォームして生まれた「苔庵coquea」。カフェでは養沢の水で淹れたコーヒーや自家製サイダーのほか、一日に摂ったほうがいい10品目を盛り込んだ食養生プレートを予約制で提供しています。コケのテラリウム「モスアリウム」の制作や苔観察会などを開催していて、ジワジワとファンを広げています。養沢でのコケ旅の際は、ぜひ立ち寄ってみて下さい。

小高い崖の中腹に建つ苔庵

住 東京都あきる野市養沢1134-イ
交 JR武蔵五日市駅よりバス
バス停木和田平より徒歩3分
営 日曜・月曜のみ　11:00〜16:30
（要事前確認）
P あり　問 ☎070-4131-1076

黒板にはコケの勉強会の形跡が

店内に飾られた苔のテラリウム

MAP
←養沢神社へ
養沢地区
201
養沢川
苔庵 COQUEA
あきる野市自然
休養村養沢センター
あきる野市
秋川渓谷
武蔵五日市駅
33

コケを知る。③

コケじゃないコケ⁉

先にもご紹介したように、名前に「コケ」と付いているのに厳密には「コケ植物」じゃないものがたくさんあります。その多くが地衣類と呼ばれる生物ですが、シダ植物、藻類、菌類の中にもコケによく似た雰囲気を持つものがあります。

地衣類

菌類の作った体の中に藻類が共生している、複合的な生命体。育つ環境もコケによく似ているため、同じものと見なされてきた歴史がある。太い木の表面にある白っぽくて丸い模様のようなもの、木の枝にまとわりついている糸のようなもの、あれらの多くが地衣類。ウメノキゴケ、ハナゴケ、チズゴケなど、「コケ植物」と混同しやすい名前が多い。非常に希少で高価な珍味として知られる「イワタケ」も地衣類の一つ。

木の幹で育つ地衣類

コケと見分ける簡単なPoint

白っぽい緑、薄い青緑、青みを帯びた黒は地衣類の特徴。コケは深緑から黄緑色。

藻類

光合成を行う生物のうち、コケ植物、シダ植物、種子植物を除いたものの総称。

菌類

キノコやカビの仲間。光合成は行わない。

コケと地衣類が同じ場所で生えていることも多い

チャツボミゴケ公園

どこにある?

かつて群馬鉄山があったエリア

東京からはちょっと離れますが、群馬県の中之条町というところに「チャツボミゴケ公園」はあります。正確には中之条六合（くに）地区といい、草津温泉の隣に位置するエリアで、温泉が多く自然が豊かなところです。

もともとこの辺りには鉱山（群馬鉄山）があって、鉄鉱石の採掘が1966（昭和41）年まで行われていました。その後、閉山され鉱山を運営していた企業の保養所となってしまいましたが、2012（平成24）年に中之条町に譲渡されてチャツボミゴケ公園となりました。

かつて、この場所には火山の爆発でできたすり鉢状の深い穴があり、動物が落ちると出られなくなって死んでしまうことから「穴地獄」と呼ばれていました。今もその名

称は残っていて、公園内のチャツボミゴケが群生している場所が、その穴地獄があったところです。

穴地獄のそばの沢にも温泉が流れている

チャツボミゴケ公園への行き方

住 群馬県吾妻郡中之条町入山字西山13-3
交 JR長野原草津口駅から車で約45分
関越道渋川伊香保ICより車で約1時間40分
草津温泉から車で約30分
営 9:00〜15:00

コケ好きにはたまらない公園

公園として整備されているだけあって、快適なコケウォッチングを楽しむことができます。チャツボミゴケが群生している穴地獄までは、公園の入口から徒歩で約15分。遊歩道を歩いてたどり着いた穴地獄には、岩々の表面を覆うビロードのようなコケを目の当たりにすることができます。人工的につくられたかのように、整然とある範囲内に密集しています。

チャツボミゴケは、硫黄泉などの環境を好む特性があり、強い酸性の温泉が湧いているところによく育ちます。ちょうど温泉が湧いている穴地獄だけに生育しているため、範囲内に整然と見ることができるのですね。実際、コケが生えている岩の横の沢に手をいれてみると、あったかい温泉が流れていることに気付きます。

穴地獄のまわりは歩道が整備されていて、ゆっくり歩いても20、30分で1回りできます。まるで1枚の大きな絵を見るような感覚で、コケウォッチングを楽しめる公園です。

紅く色づく森から、湯気が立ち上る

光沢のある高級なビロードのようなチャツボミゴケ

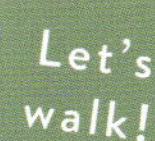

歩き方

緑が深く濃くなる梅雨の時期

公園の入口から穴地獄までの遊歩道でも、コケを楽しむことができます。歩道の脇には湯の滝や酸性の水が流れる沢があり、そこにもチャツボミゴケがたっぷり生息しています。

春夏秋冬、いつでもそれぞれ違う表情を見せてくれるコケですが、一番のおすすめは梅雨の時期。チャツボミゴケの緑が深く濃くなり、より美しく見えます。また、10月頃には、周囲の紅葉とのコントラストが、コケウオッチングを楽しませてくれます。

酸性の温泉が常に流れる環境のため、チャツボミゴケ以外の植物はほとんど育たない

貴重な生態系が評価され、ラムサール条約に登録されている

地獄というより、天国のような美しい景観

これほどの規模の群生は、東アジアで最大級といわれている

草津温泉

江戸時代から「東の大関」ともいわれた天下の名湯、草津温泉はチャツボミゴケ公園から車でおよそ30分。コケ旅の拠点として最適です。6つある源泉から湧き出る湯量は毎分3万リットル以上で、日本一を誇ります。温泉街の中心部にある湯畑が、草津温泉のシンボル。高温すぎる源泉を加水せずに適温にしつつ、湯の花を採集しています。夜にはライトアップの演出があり、幻想的な空間を散策することができます。

住群馬県吾妻郡草津町
交軽井沢駅から車で約1時間
　東京や名古屋から直通バスあり
問☎0279-88-0800(草津温泉観光協会)

六合(くに) 赤岩集落

中之条町の六合地区にある赤岩集落は、明治時代の養蚕農家の建物が連なる山村。特徴的な昔ながらの木造建築がきれいな状態で残されていて、重要伝統的建造物群保存地区に指定されています。高野長英が隠れ住んだ湯本家も見どころ。時間がゆっくり流れているような、素朴な風景の中を散策することができます。

住群馬県吾妻郡中之条町赤岩
交長野原草津口駅から車で10分
問☎0279-95-3008(赤岩ふれあいの家)

MAP
長笹沢川
徒歩15分ほど
チャツボミゴケ公園
チャツボミゴケ公園　穴地獄
55
草津高原ゴルフ場
草津温泉

コケはどこにある？

コケはちょっと年季の入った民家のブロック塀や植木鉢の中、コンクリートの側溝など、身近なところにもたくさんあります。

また、神社やお寺など、土と木が豊富な環境では市街地とはまた別の種類のコケを見ることができます。

コケは、それぞれが好む環境が少しずつ違います。岩を好むコケ、木の幹を好むコケ、さまざまです。さらに標高や気候などの違いでも育つコケが変わってくるので、足を伸ばして遠征すると、新しいコケとの出会いが待っています、それもコケ旅の楽しみのひとつです。

コケが好む環境

コケは湿度の高いところを好むという印象が強いと思います。でも実は、コケはその体の構造上、「乾燥」と「凍結」にとても強いのです。

コケには強い表皮（クチクラ）がなく根もないため、すぐに乾燥してしまう反面、水を得ると体全体から水を吸収し一気に元の状態に戻ることができるのです。

季節的には多くのコケが胞子体を伸ばす新緑の季節がオススメです。時間帯は午前中、天気はくもりや雨上がりがコケの美しい姿を見るには適しています。

都市部で見られるコケの種類には限りがあります。さらには、残念なことに、公園などを管理する機関から見ると、コケは「ゴミ」であり、排除するべきものとして清掃の対象になってしまうこともあります。

Ⅲ

大阪から行ける！関西エリアの「コケ旅」スポット

古都が多い関西のコケスポットといえば、お寺。いわゆる「コケ寺」と呼ばれるコケスポットが数多くあります。ここでは、そんなコケ寺と美しい山村にあるコケのスポットをご紹介しましょう。

芦生の森（京都）
Ashiu no Mori

法然院（京都）
Honenin

大原三千院（京都）
Oharasanzenin

西明寺（滋賀）
Saimyoji

近江孤篷庵（滋賀）
Oumikohouan

芦生（あしう）の森

どこにある?

かやぶきの里のさらに奥にある〝秘境〞

かやぶきの里として知られる京都府南丹市美山。その美山の里から車で30～40分、さらに山の中を東へ進んでいったところにあるのが芦生の森です。

美山町を流れる美山川の源流となっていて、森の広さは約4200ヘクタール。その約半分は人の手が加えられていない天然林で、西日本屈指の広さを誇っています。平成28年には、この森をふくむ一帯が、京都丹波高原国定公園に指定されています。

実はこの森、一般に公開されている森ではなく、京都大学が研究のために管理している研究林なのです。ここには貴重な動植物の生態系がたくさん残っていて、それを保護しながら研究が続けられているそうです。

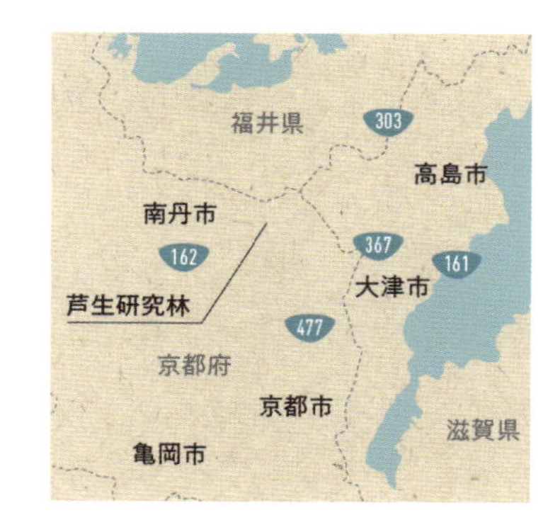

現在では、研究を目的とした人はもちろん、自然愛好家の方々が数多く足を運ぶ関西の〝秘境〟としても人気が高まっています。

植物や動物、昆虫などの生態が豊富で研究に適している

芦生研究林への行き方

住 京都府南丹市美山町芦生
交 JR園部駅から南丹市営バスで約1時間30分芦生下車
京都縦貫道園部ICから車で約1時間
京都市内から車で約2時間

軌道が残る道に沿って群生するコケ

地図を見て分かるように、入林ルートはいくつかありますが、コケウォッチングは、軌道のルートがおすすめです。

一歩林の中に足を踏み入れると、まさにそこは別世界。道は鬱蒼と茂った木々に覆われて、かすかに差し込む日の光。ふと気づくと路にはレールが敷いてあります。これは、昔使われていたトロッコ軌道跡。よく見るとそのレールと枕木にはたくさんのコケ。さらに道の山側には、生い茂る木々や倒木、岩などを覆うコケを見ることができます。道のそばを流れる由良川の川面に光が反射して、この美しいコケの世界を照らし出しています。

かつてこの軌道沿いには、木地師（きじし）（木材の加工で生計を立てていた人々）の集落があり、今もその名残を見ることができます。

林立する樹木とコケと人の営み、そうしたものを感じることができるのも芦生の森の良さかもしれません。

豊かな自然を求めて多くのハイカーが訪れる

Let's walk!

歩き方

研究林なので許可が必要

芦生の森は、京都大学の研究林で一般に公開されている場所ではないと説明しました。それでは一般の人は入れない？　ご安心ください。きちんと事前に許可をとるか、現地の事務所や入り口のところにある申請箱に記入した申請書を提出すれば入林することができます。

また、入林時期は4月〜12月となっていて、春、夏、秋の3シーズンでコケウォッチングを楽しむことができます。コケを見ながら、今も残る天然林歩きを堪能したいですね。

森林の環境保全のため、入山には規定が設けられています。

問 ☎0771-77-0321
（芦生研究林 森林ステーション）

同じような切り株でも、なぜかコケの生え方に違いができるのが面白い

自然が描いた一枚の抽象画のような光景

まだ未熟な蒴（さく）（胞子のう）はきれいな緑色をしている

こんもりとかわいらしいコケのまわりには地衣類が

倒木にもコケがびっしり

足をのばして

美山かやぶきの里

美山町は京都府のほぼ中央、南丹市にある自然豊かな地域。芦生の森も美山地区にあります。その美山町を代表する観光スポットである美山かやぶきの里は、今や日本を代表する貴重なかやぶき集落として知られています。日本の農村の原風景とも呼ばれる集落全体が、国の重要伝統的建造物群保存地区に指定されています。

由良川に沿って、およそ250ものかやぶき民家が建ち並ぶ風景は、まるで昔話の世界に迷い込んだような感覚を覚えるほど。秋の紅葉や冬の雪景色など、四季折々に魅力的な表情を見せてくれます。かやぶき民家の民宿もあるので、芦生のコケ旅の宿としてもおすすめです。

住京都府南丹市美山町安掛
交JR日吉駅より南丹市バスで
約35分安掛下車
京都縦貫道 園部ICより
車で約40分
（時期により京都駅から
直行バスあり）
問☎電話:0771-75-1906
（南丹市美山観光まちづくり協会）

研究林は由良川の源流域にある

コケを観る。②

コケ鑑賞の便利アイテム

手ぶらで出掛けてももちろんいいのですが、100円均一で揃えられる手軽なアイテムだけでも、コケ旅を何倍も楽しむことができます。あると便利なコケ鑑賞アイテムをご紹介します。

ルーペ（3倍程度）

100円均一などで気軽に揃えられる。低倍率だが、視野が広いのが扱いやすいポイント。

ルーペ（10～20倍）

扱いにはコツが要るが高倍率。これを使いこなしたら、コケの魅力にハマること間違いなし！胞子体の先が破けた様子まで観察することが可能。

接写が得意なカメラ

レンズから被写体まで1cmの距離で撮影できるカメラなど、接写が得意なモデルが各社から発売されています。写真はオリンパスの「TG-5」

霧吹き

コケは水分を吸収すると短時間で形や色が変わります。その様子を観察するには霧吹きは必須。水を蓄えたコケは本当に美しい。

法然院（ほうねんいん）

京都東山の穴場的なコケ寺

　京都の東山にある銀閣寺、そこから徒歩10分ほどのところにあるのが法然院です。寺院名でわかるように、鎌倉時代に活躍した法然上人のゆかりの地に立てられた念佛道場が起源となっています。

　長い石畳の参道を歩いていくと、その先で茅葺屋根の山門に出くわします。参道の両側にもコケが密生していますが、この山門の屋根にもびっしりとコケがくっついています。入口からコケへの期待が高まります。

　その山門をくぐり、目の前に広がる境内でまず目をひくのが白砂壇（びゃくさだん）。道の両側に川に見立てて砂を盛ったもので、そのまわりにもコケが。周囲の木々の緑と白砂壇、そして地面のコケの緑が風情ある景色をつくっています。

地面の土が全く見えないほどのコケの絨毯

参道脇の石垣にもコケがびっしり

緑の風景の中、境内の道を歩いていくとたどりつく方丈庭園。こじんまりした庭も緑のコケで覆われ、木の根元や置石にもコケがしっかり息づいているのがわかります。

梅雨の季節ともなれば、境内のコケがいっせいに元気になり、その緑の光沢はより一層輝き始めます。参拝者はそれほど多くないので、ゆっくりと歩きながら、静かにコケウォッチングができるでしょう。

実は、この法然院、カエルの名所？としても知られており、いたるところでカエルの鳴き声を耳にすることができます。それもそのはず、カエルとコケは海から陸に上がってきた種として共通項が多く、同じような場所に生息するとか。カエル鳴くところに美しいコケあり、それを証明している寺ともいえるかもしれませんね。

茅葺き屋根の山門は法然院を代表する景観のひとつ

何気ない通路にも風情が漂う

切り株のまわりで場所を取り合うほど元気な数種類のコケたち

生き生きとしたスギゴケの群生

法然院への行き方

住 京都市左京区鹿ヶ谷御所ノ段町30
交 JR京都駅より
市バス浄土寺下車 徒歩約10分
拝 6:00〜16:00

石の手水鉢にはいつも季節の花が飾られている

大原三千院

京を代表する門跡寺院の一つ

比叡山の麓にあって1200年もの歴史を誇るお寺、大原三千院。天台宗の開祖最澄が構えた一宇は、その長い歴史の中で近江（滋賀）や洛中（京都）を幾度か移転し、今の大原に移ったのは明治時代のことでした。三千院と呼ばれるようになったのもそれからです。

薬師如来像をはじめとする仏像も有名で、名刹古刹の多い京都の中でも人気の高いお寺です。大原行きのバスを終点で降り、長い上り坂を登りきると、三千院の門「御殿門」が現れます。門をくぐると、すぐに苔むした庭園が出迎えてくれるでしょう。三千院の境内はいたるところでコケが見られますが、特に有清園はコケの大海原ともいわれる名所です。杉や檜の木立に囲まれ

境内の庭はどこをみても緑一色

わらべ地蔵が置かれたのは、意外にも平成になってから。コケのおかげで風景になじんでいる

た庭が、コケの育生に適しているのだそうです。

コケの庭を散策していて目をひくのが、かわいらしい「わらべ地蔵」。コケの海から顔を出したり、コケの絨毯に寝そべっているようにも見えます。それぞれ思い思いに、愛くるしいポーズをとってくつろいでいるわらべ達を見ていると、こちらまでのんびりした心持ちになり、癒されること間違いなしです。

たくさんあるわらべ地蔵の表情を見比べてお気に入りを見つけよう

仲良く寄り添う2体のわらべ地蔵

杉木立に覆われた庭はコケの育生に適している

大原三千院への行き方

住 京都市左京区大原来迎院町540
交 叡山電鉄八瀬比叡山口より
京都バス大原下車 徒歩約10分
拝 9:00〜17:00

京都のお寺でよく見かけるのは、オオスギゴケとウマスギゴケ。見分けは難しい

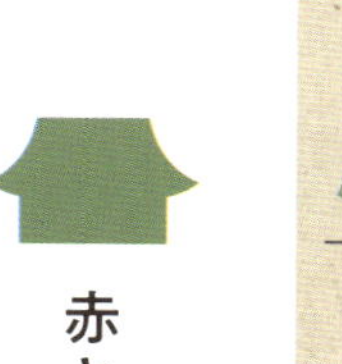

関西のコケ旅スポット 4

Saimyouji

西明寺

赤と緑の絶妙のコントラスト

琵琶湖の東、滋賀県甲良町にあるのが西明寺です。百済寺、金剛輪寺とともに湖東三山の一つと数えられている寺で、834年に創建された天台宗の古刹です。

関西でも屈指の紅葉の名所としても知られており、境内の1000本以上の楓と11月ごろに満開となる不断桜(白色の桜で、春以外の季節に咲く桜)のコントラストが人気となっています。

寺へは、国道沿いの参道からと、中腹の山門から入ることができますが、コケウォッチングを楽しむのなら、国道沿いの参道からがおススメです。少し急な石段が続きますが、まるで私たちを歓迎しているかのようなコケの絨毯が道の両側に広がります。

江戸初期作庭の名勝庭園は「蓬莱庭」と名付けられている

境内では四季を通じてさまざまな花が咲く

美しいコケを見ながら進むと、山門があり、そこをくぐると名勝庭園・蓬莱庭が広がります。紅葉の時期はもちろんですが、5月から8月にかけて庭園の青モミジが麗しく空を覆います。

その庭園を抜けると見えてくるのが国宝の本堂と三重塔。空の青と紅葉の赤、そして周囲を覆うコケの深い緑、その景色は一見の価値ありです。

梅雨のシーズンともなれば、境内のコケたちはイキイキと輝き出し、まるで宝石をころがしたように雨露を抱きはじめます。水分をしっかりと吸い込んで、ふさふさモコモコしたコケに触れれば、その感触に思わず笑顔がこぼれます。

コケたちと静かに会話できるおすすめのコケ寺です。

ひっそりと、たくましく育つコケ

コケ、野草、光と影の競演

境内には「この苔は西明寺が好きです」との立て札。マナーは守ろう

西明寺への行き方

住 滋賀県犬上郡甲良町大字池寺26
交 新幹線米原駅から車で約30分
JR彦根駅から車で約20分
名神高速湖東三山
スマートICより車で約5分
拝 8:00〜17:00

近江孤篷庵（おうみこほうあん）

由緒ある庭園でコケと対話

滋賀県長浜市にあるのが近江孤篷庵です。長浜市小堀町で生まれた小堀遠州（こぼりえんしゅう）（江戸時代前期に活躍した武将・文化人で日本三大茶人の一人）の菩提寺となっていて、遠州が京都大徳寺に建立した孤篷庵にちなんで名づけられました。

近江八景を模した美しい庭園が有名で、遠州の息子の小堀政次が作庭したものです。

この庭園の一面を覆うコケが見ものです。どの季節でも、その変わらぬ美しさを満喫することができますが、特に初秋（9月ごろ）になると、その庭園のコケの中にイブキリンドウの花が咲き、一面のコケの緑とリンドウの青が絶妙のコントラストとなって見る者を圧倒します。

もちろん、庭園以外にも境内のいたると

孤篷庵はコケ寺の中でも穴場といえるスポット

ころでコケを見ることができます。訪れる人もそれほど多くはないので、静かにコケウォッチングができる穴場的な存在のコケスポットです。

枯山水庭園にとってコケは欠かせない要素

近江孤篷庵への行き方

住 滋賀県長浜市上野町135
交 JR長浜駅から車で約20分
北陸道小谷城スマートICより車で約10分
拝 9:00〜17:00

日本の貴重なコケの森

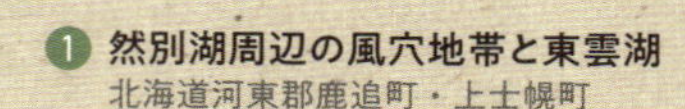

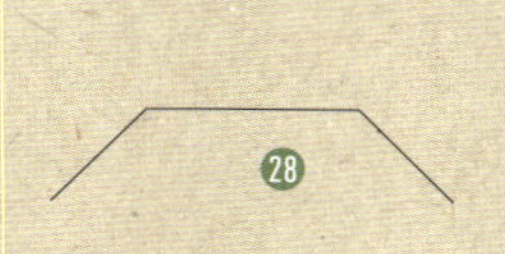

1. **然別湖周辺の風穴地帯と東雲湖**
   北海道河東郡鹿追町・上士幌町
2. **苔の洞門**
   北海道千歳市支寒内
3. **奥入瀬渓流流域**
   青森県十和田市
4. **獅子ヶ鼻湿原**
   秋田県にかほ市象潟町中島台
5. **月山弥陀ヶ原湿原**
   山形県東田川郡庄内町
6. **イトヨの里泉が森公園**
   茨城県日立市水木町
7. **成東・東金食虫植物群落**
   千葉県山武市および東金市
8. **東京大学 千葉演習林**
   千葉県鴨川市および君津市
9. **奥利根水源の森と田代湿原**
   群馬県利根郡みなかみ町藤原および片品村大字花咲
10. **黒山三滝と越辺川源流域**
    埼玉県入間郡越生町黒山
11. **群馬県中之条町六合地区入山（通称チャツボミゴケ公園或いは穴地獄）**
    群馬県中之条町六合地区入山
12. **八ヶ岳白駒池周辺の原生林**
    長野県南佐久郡佐久穂町及び小海町
13. **大岩千巌渓**
    富山県中新川郡上市町大岩
14. **鳳来寺山表参道登り口一帯の樹林地域**
    愛知県新城市

28. **乳房山**
    東京都小笠原支庁小笠原村母島

コケが元気に育つためには、清らかな水をはじめとした豊かな自然環境が必要です。日本蘚苔類学会では、コケの生育環境を守ることを目的として、「日本の貴重なコケの森」を選定しています。どうぞ、「コケ旅」へのお出かけの参考にしてください。

⑮ **芦生演習林**
京都府南丹市美山町芦生

⑯ **京都市東山山麓**
京都府京都市左京区浄土寺～北白川

⑰ **赤目四十八滝**
三重県名張市赤目町長坂
三重県宇陀郡曽爾村伊賀見

⑱ **大台ケ原**
奈良県吉野郡上北山村

⑲ **船越山池ノ谷瑠璃寺境内・参道ならびに「鬼の河原」周辺**
兵庫県佐用町

⑳ **羅生門ドリーネ**
岡山県新見市草間

㉑ **横倉山**
高知県高岡郡越知町

㉒ **中津市深耶馬溪うつくし谷**
大分県中津市深耶馬溪

㉓ **古処山**
福岡県嘉麻市

㉔ **猪八重渓谷**
宮崎県日南市北郷町北河内

㉕ **屋久島コケの森**
鹿児島県屋久島町

㉖ **湯湾岳山頂部一帯ならびに井之川岳**
鹿児島県大島郡大和村・宇検村ならびに
徳之島町・天城町

㉗ **西表島横断道**
沖縄県八重山郡竹富町 西表島

※日本蘚苔類学会ウェブサイトより
https://www.bryosoc.org/
「日本の貴重なコケの森選定委員会」による
（平成30年8月28日現在）

「コケ旅」へ行こう!

2019年7月16日　第1刷発行

企画構成　志摩千歳
撮影　清永安雄
編集制作　佐々木勇志・及川健智
地図作成　山本祥子

デザイン　山際昇太＋永井亜矢子（陽々舎）

発行　株式会社産業編集センター
〒112-0011
東京都文京区千石四丁目39番17号
TEL 03-5395-6133　FAX 03-5395-5320
http://www.shc.co.jp/book/

印刷・製本　株式会社シナノパブリッシングプレス

ISBN978-4-86311-228-5　C0045
Printed in Japan